Bibliografische Information der Deutschen Nationalbibliothek:

Die Deutsche Bibliothek verzeichnet diese Publikation in der Deutschen Nationalbibliografie; detaillierte bibliografische Daten sind im Internet über http://dnb.d-nb.de/ abrufbar.

Impressum:

Druck und Bindung: Books on Demand GmbH, Norderstedt Germany
ISBN: 9783668922419

Dieses Buch bei GRIN:

https://www.grin.com/document/462722

Desiree Hollender

Hot-Spots und Mantle-Plumes. Die Entstehung der Inseln Hawaii und La Réunion

GRIN Verlag

Hot-Spots und Mantle-Plumes

Die Entstehung der Inseln Hawaii und La Réunion

Desiree Hollender

Inhalt

1 Einleitung

Die Inselkette Hawaii mitten im Pazifischen Ozean und die Insel La Réunion im Indischen Ozean sind vulkanischen Ursprungs und dienen als Modell für die recht neuen Theorien von Mantle-Plumes und Hot-Spots, die sich u. a. in Intraplattenvulkanen äußern.
In dieser Arbeit erläutern wir die Mechanismen der Plattentektonik und zeigen auf, weshalb Intraplattenvulkane, wie im Fall der oben genannten Insel(-ketten) nicht mit dieser Theorie erklärbar sind. Wir leiten über zu den neueren Theorien der Hot-Spots und Mantle-Plumes, die wir ausführlich erläutern und stellen aktuelle Forschungsfragen dar.
Im Anschluss daran möchten wir die reale Wirkweise dieser Modelle am Beispiel der Inselkette Hawaii und der Insel La Réunion anhand ihrer geographischen Lage und ihrer Entstehungsgeschichte im Zusammenhang mit Hot-Spots erklären.
Methodisch ist diese Arbeit das Ergebnis einer umfassenden Recherche, die entsprechende Literatur ist im beigefügten Quellenverzeichnis am Ende der Arbeit zu finden. Einzelne Schaubilder haben wir selbst erstellt, um die Erklärung komplexer Phänomene zu veranschaulichen und/oder eine angemessene Bildauflösung gewährleisten zu können.

2 Theoretische Grundlagen

2.1 Plattentektonik

In den 1950er Jahren wurde die Theorie der Plattentektonik etabliert. Sie besagt, dass „die Lithosphäre aus einem Mosaik tektonischer Platten unterschiedlichster Größe [besteht]. Neben Großplatten [...] existieren eine Reihe kleinerer Platten [...]. Einige bestehen nahezu aus ozeanischer Kruste, während andere sowohl kontinentale als auch ozeanische Kruste umfassen. Die Platten bewegen sich mit unterschiedlichen Geschwindigkeiten relativ zueinander, indem sie passiv auf der mehr oder minder beweglichen Asthenosphäre driften. Die typischen Bewegungsraten liegen bei etwa 0,1 – 10 cm/ a“ (BAUMHAUER 2006, S. 13).
Die Ränder der Platten werden in drei Typen unterschieden:

1. **Divergente Plattengrenzen bzw. -bewegungen**

Hierbei reißt die ozeanische oder kontinentale Lithosphäre an der aufgrund durch Dehnung entstehenden Schwächezone auf und „zwischen den neuen Plattengrenzen bildet sich neue Lithosphäre" (ebd. S. 13).

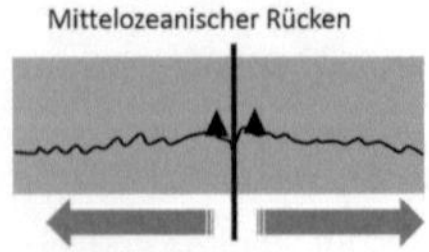

Abbildung 1:
Skizze Querschnitt und Driftrichtung (rote Pfeile) der Platten an einem MOR (schwarzer senkrechter Strich). Vulkanische Aktivität (Dreiecke) an der Plattengrenze. Eigene Darstellung nach Decker;Decker 1998, S. 105

Dieses Phänomen heißt am Meeresboden Mittelozeanischer Rücken (MOR) und lässt sich in fast allen Weltmeeren beobachten. „An den Plattengrenzen wird Magma gefördert und es bildet sich neue ozeanische Lithosphäre" (ebd. S. 14). Dies wird als **sea floor spreading** bezeichnet, welches man an **konstruktiven Plattengrenzen** beobachten kann. Morphologisch entstehen dadurch „Gebirgsketten mit einer zentralen Grabenstruktur, dem sogenannten Rift" (ebd. S. 14) (s. Abb. 1).

2. **Konvergente Plattengrenzen bzw. -bewegungen**

Hierbei bewegen sich zwei Platten aufeinander zu, sämtliche Kombinationen von ozeanischen und kontinentalen Platten bzw. Krusten sind möglich. Die Auswirkungen sind abhängig von der Krustenart, da kontinentale Platten eine geringere spezifische Dichte als ozeanische aufweisen. Beim Zusammentreffen von Krusten unterschiedlicher spezifischer Dichte findet Subduktion an den **destruktiven Plattenrändern** statt. „[Dabei] taucht eine Platte unter die andere in den Erdmantel ab, wobei dort Lithosphärenmaterial der abtauchenden Platte aufgeschmolzen und assimiliert wird" (ebd. S. 14) (s. Abb. 2). Das Zusammentreffen zweier Platten gleicher spezifischer Dichte hat Kollision zur Folge.

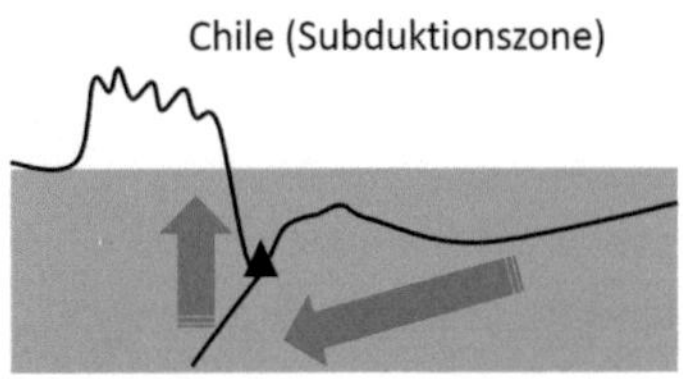

Abbildung 2:
Skizze Querschnitt und Driftrichtung (rote Pfeile) der Platten an einer Subduktionszone. Vulkanische Aktivität (Dreieck) am Magmatischen Bogen. Eigene Darstellung nach Decker;Decker 1998, S. 105

3. **Transformstörungen**

An diesen konservativen Plattenrändern bewegen „sich Platten aneinander vorbei, ohne dass Lithosphäre gebildet oder zerstört wird" (ebd. S. 16) (s. Abb. 3).

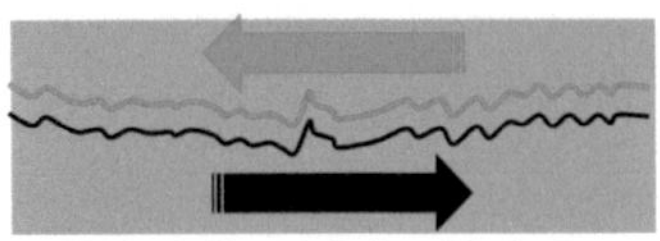

***Abbildung 3**: Skizze Aufsicht und Driftrichtung (rote Pfeile) der Platten, die eine Transformationsstörung aufweisen. Eigene Darstellung Nach BAUMHAUER 2006, S. 16).*

2.2 Intraplattenvulkanismus

Mit der Theorie der Plattentektonik kann das Phänomen von Intraplattenvulkanen nicht beschrieben werden: „Nach den Regeln der Plattentektonik dürfte es [mitten auf den Platten] weder Erdbeben noch Vulkanismus geben. Viele [...]

Tiefseeberge wirkten wahllos verstreut, einige weisen aber eine kettenförmige Anordnung auf" (SCHICK 1997, S. 106f.).

Drei Aspekte zeigen auf, weshalb die Theorie der Plattentektonik hier an ihre Grenzen stößt:

1. Altersverteilung:

„An Subduktionszonen und auf mittelozeanischen Rücken bilden jeweils die jungen Vulkane einen Saum entlang der Plattengrenzen, und an den ozeanischen Rücken nimmt das Alter der vulkanischen Gesteine mit der Entfernung vom Rücken zu. Ganz anders verhalten sich die Hawaii-Inseln: Die Vulkane werden nicht seitwärts, sondern entlang der Schwelle [/Erhebung] älter" (DECKER;DECKER 1998, S. 106f.).

2. Erdbeben:

An Mittelozeanischen Rücken treten Erdbeben entlang des gesamten Rückens auf. Bei Intraplattenvulkanen weicht das Verteilungsmuster erheblich ab, oft gibt es nur einzelne lokale Erdbebenbereiche, wie beispielsweise nur am Südostende der Inselkette von Hawaii (vgl. ebd., S. 107).

3. Querschnitt:

Bei Intraplattenvulkanen ist im Querschnitt zu sehen, dass neues Material durch die Kruste befördert wird. Jedoch ist dieses Phänomen nicht mit der Globaltektonik beschreibbar, da Basaltmagma nur an den Plattenrändern gefördert werden kann. (s. Abb. 4) (vgl. ebd., S. 105).

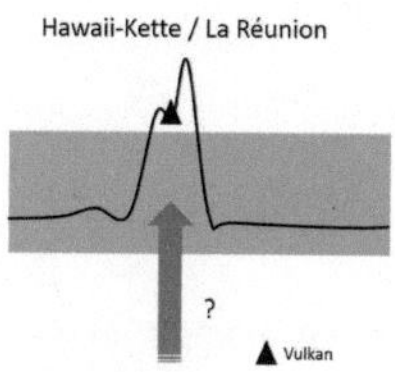

Abbildung 4:
Skizze Querschnitt von Hawaii/ La Réunion. Mitten auf der Platte wird neues Material vulkanisch durch die Kruste befördert. Eigene Darstellung nach Decker;Decker 1998, S. 105

Diese drei Aspekte untermauern, dass es neben der Plattentektonik noch etwas Anderes geben muss, was zu morphologischen Ereignissen auf der Erde führt. Viele Forscher haben sich dazu Gedanken gemacht, es wurden viele Theorien diskutiert und wieder verworfen.

„So ist daran gedacht worden, daß die pazifischen Inseln bzw. Seamounts auf diesem Rücken entstanden sind und sich mit dem ausbreitenden Ozeanboden allmählich von ihm entfernt hätten. Das wäre für einen Teil der pazifischen Inseln und Seamounts denkbar, jedoch nicht für Hawaii und ähnliche Inselgruppen. Hier besteht nicht nur der Widerspruch zwischen dem relativ geringen Alter und ihrer weiten Entfernung vom Ostpazifischen Rücken, sondern auch zu dem noch gegenwärtig aktiven Vulkanismus auf der Hauptinsel" (RAST 1987, S.80).

3 Hot-Spots & Mantle-Plumes

3.1 Hot-Spot-Theorie

1963 hat Wilson seine Hot-Spot-Theorie veröffentlicht: „The Hawaiian Islands and some of the other chains are exceptional in that their source does not lie on the mid-ocean ridge. [...] [It supports] the view that the Hawaiian Islands have been formed successively over a common source beneath the present position of the Island of Hawaii, and that they have been successively borne away toward the west" (WILSON 1963).

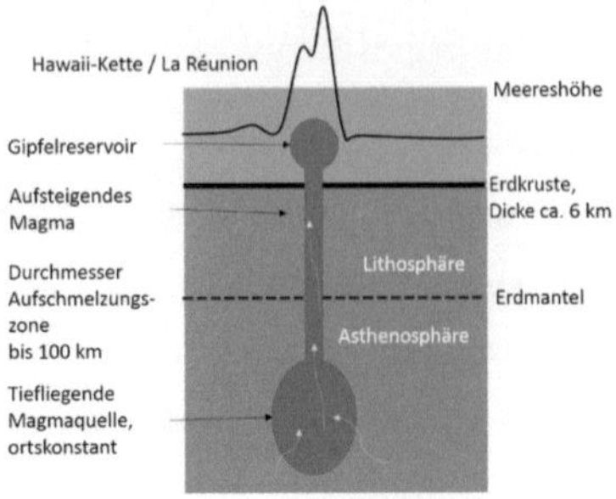

Abbildung 5: *Skizze Hot-Spot. Eigene Darstellung nach Volcano World Team. URL: http://volcano.und.nodak.edu*

Diese Theorie wurde in Fachkreisen positiv aufgenommen und weiterverfolgt.

Laut seiner Theorie ist ein Hot-Spot ein Gebiet, welches sich durch punktförmig-regionalen Vulkanismus von der Umgebung unterscheidet (vgl. STRUCK 2001, S. 47). Aufgrund der geringeren spezifischen Dichte des flüssigen Basaltmagmas im Vergleich zum umliegenden Gestein entsteht ein Überdruck, der das Basaltmagma nach oben an und durch die Kruste presst. Diese Aufschmelzungszone kann einen Durchmesser von 100 km aufweisen. Die Zone ist jedoch kein kontinuierlicher offener Aufstiegsweg, sondern beinhaltet mehrere mit Magma gefüllte Spalten, die durch Verwerfungen miteinander verbunden sind. Das Magma sammelt sich in einem Gipfelreservoir, es können auch sekundäre Reservoire auftreten (vgl. SCHMINCKE 2000, Abbildung S.70). Durch die kontinuierlichen Aufschmelzungsvorgänge kann ein Lithosphärendurchbruch erfolgen und ein kleiner Vulkan bildet sich (vgl. SCHICK 1997, S. 107) (s. Abb. 5). Eine Vulkankette entsteht, wenn sich die Platte weiter über den Hot-Spot bewegt. Der Hot-Spot wird, laut Wilson, aus einem ortskonstanten Magmaherd gespeist, der vom Erdmantel bis an die Erdoberfläche reicht.

Damit der Hot-Spot ortskonstant sein kann, muss „[...] die Quelle des Hot Spots unterhalb des Tiefenbereichs liegen, in dem Konvektion mit Horizontalbewegungen stattfindet. Damit wird der obere Erdmantel ausgeschlossen. Erst die höhere Viskosität des Materials im unteren Erdmantel schränkt die Beweglichkeit eines Plume soweit ein, dass seine über einen langen Zeitraum fixierte Position verständlich wird" (SCHICK 1997, S. 108).

Wilson geht davon aus, dass alle Hot-Spots gleich aufgebaut sind und ca. 10 Millionen Jahre existieren. Aktuellere Literatur gibt bis zu 100 Millionen Jahre an, zudem kann der Durchmesser einige hundert Kilometer betragen (KEPPLER 1998, S. 44).

3.2 Mantle-Plume-Theorie

Wilson konnte nicht genau erklären, durch welchen Mechanismus der Hot-Spot kontinuierlich mit neuem Material gespeist wird. Wie im Zitat von Schick schon erkennbar ist, wurde eine neue Theorie etabliert – das Modell der Mantle-Plumes. Postuliert hat dies W. Jason Morgan im Jahr 1972, also 9 Jahre nach der Veröffentlichung von Wilson. Dieses Modell wird gegenwärtig weiter erforscht und modifiziert. Aktuelle Forschungsfragen stellen wir in Kapitel 3.2 vor.

Es existieren mehrere Definitionen, was ein Mantle-Plume eigentlich ist. Hier 3 ausgewählte Beispiele:

1. Ein Mantle-Plume ist ein „[...] aus dem tieferen Erdmantel aufsteigender heißer Materiestrom, der sich in der Asthenosphäre allseitig ausbreitet“ (RAST 1987, S. 80).
2. „Solch ein langlebiger Plume besteht aus heißem Gesteinsmaterial, welches die Erdkruste durchdringt und die ozeanische Kruste durchschlägt. Der Durchtrittspunkt wird als Hot-Spot bezeichnet“ (ELICKI 1998).
3. „Ein Mantle-Plume ist eine positiv thermisch anomale Struktur im Mantel, [deren Pilzkopf, s. Abb. 6] einen Durchmesser von einigen hundert Kilometern bis zu 2.000 km aufweist und im Sublithosphärenbereich in Tiefen von ca. 70 km bis hinunter zu maximal 200 km liegt. (SCHMIDT, 1994). Die Definitionen zeigen auf, dass die Erforschung der Mantle-Plumes noch nicht abgeschlossen ist, da „… [es] noch nicht gelungen [ist], Plumeschläuche bis in den unteren Mantel, geschweige denn bis zur Kern-Mantel-Grenze nachzuweisen“ (SCHMINCKE 2000, S. 85). Satellitenbilder zeigen auf, dass durch den Massenüberschuss des vermuteten Plume die Erdkruste aufgewölbt wird (vgl. BAUER 1994, S. 28) und über unterschiedliche Laufzeiten von Erdbebenwellen („seismische Tomographie“) konnte der Ursprung des Hawaii-Plume eingegrenzt werden (vgl. HOFMANN et. al. 2005).

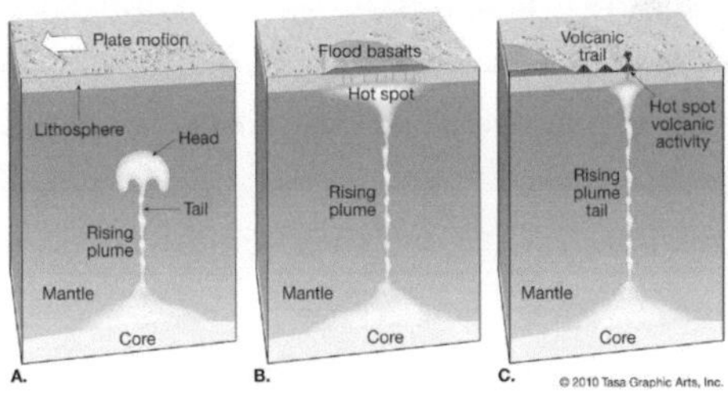

***Abbildung 6:** Entstehung eines Mantle-Plumes und mögliche Auswirkungen an der Lithosphäre.*
Bildquelle: American Geophysical Union

Aktuell stellt man sich den Aufbau und die Auswirkungen an der Lithosphärenplatte eines Mantle-Plumes vor wie folgt: Auf Abb. 6 A. ist ein aufsteigender Mantle-Plume zu erkennen, der sich wahrscheinlich an der D-Schale des unteren Mantels bildet. „An der Kern-Mantel-Grenze existiert diese etwa 200 km „aufgeweichte“ Zone, die sich möglicherweise aus subduzierter Lithosphäre zusammensetzt (vgl. STRUCK 2001, S. 56). Wenn der Mantle-Plume die Lithosphärenplatten erreicht, kommt es entweder zur Bildung eines großflächigen Hot-Spots, der die Platte an mehrere Stellen durchbricht und Flutbasalte entstehen lässt (s. Abb. 6 B.). Oder es kommt, wie es Wilson formuliert hat, zu einem lokalen Hot-Spot mit den resultierenden Vulkanen (s. Abb. 6 C.).

3.3 Aktuelle Forschungsfragen

Es ist generell sehr schwierig das Erdinnere zu erforschen, meist ist dies nur indirekt durch die Analyse von Erdbebenwellen (P-Wellen) möglich, die sich durch die verschiedenen Schalen bewegen. Noch schwieriger gestaltet es sich, lokal ins Innere der Erde „zu blicken" und heraus zu finden, wie die Schalen genau aufgebaut sind. Neben dem Entstehungsort der Mantle-Plumes wird auch daran geforscht, wie solch eine große Menge an Material durch die Plumes Richtung Lithosphäre über einen Zeitraum von bis zu 100 Mio. Jahren gefördert werden kann. Wissenschaftler*innen versuchen die Modelle von Wilson und Morgan weiter zu verfeinern. Aus den vielfältigen Forschungsfragen möchten wir drei kurz vorstellen:

1. Eine Frage, die sich stellt ist, ob von der D-Schicht stammende Mantle-Plumes relativ zueinander örtlich fixiert sind. Sowohl dafür als auch dagegen argumentieren verschiedenste Theoretiker*innen, wobei letzteres zur Folge hätte, dass anhand von Hot-Spot-Spuren unter Annahme ihrer Ortsstabilität kalkulierte Plattenbewegungen neu überdacht werden müssten (STRUCK 2001, S.66f. zitiert SCHMIDT 1994).
2. Auch wird überlegt, ob Hot-Spots auch unabhängig von Mantle-Plumes existieren können, wie es ihre definitorische und theoretische Unterscheidung vermuten lässt (ebd..). Dafür lassen sich aufgrund mangelnder Möglichkeiten ins Erdinnere vorzudringen keine eindeutigen Beweise finden (STRUCK 2001, S. 59 zitiert in: GEORGE 1996, S. 24).
3. Zudem wird sich mit der Frage auseinandergesetzt, welchen Einfluss Mantle-Plumes und Hot-Spots auf die Bewegung der Lithosphärenplatten haben. So konnte man feststellen, dass sich die Bewegungsgeschwindigkeit der Indischen Platte zwischen 67 und 52 Mio. Jahren vor heute mit Einsetzen der Aktivität des Réunion-Hot-Spots signifikant erhöhte, während die angrenzende Afrikanische Platte parallel dazu langsamer wurde, was eine Korrelation nahelegt. Die Natur einer solchen möglichen *„plume head pushing force"* bleibt aber weiterhin relativ unbekannt (CANDE; STEGMAN 2011).

4 Fallbeispiele

4.1 Hawaii-Inselkette

Die Hawaii-Inselkette ist erst im mittleren Tertiär entstanden und daher erdgeschichtlich noch sehr jung. Sie liegt mittig auf der Pazifischen Platte 3.850 km von Kalifornien und 6.195 km von Japan entfernt und ist somit die entlegenste bevölkerte Inselgruppe der Welt. Die Inselkette wird in drei Bereiche unterteilt – Hawaiianischer Rücken, Midway und Emperor Seamount Chain (s. Abb. 7).

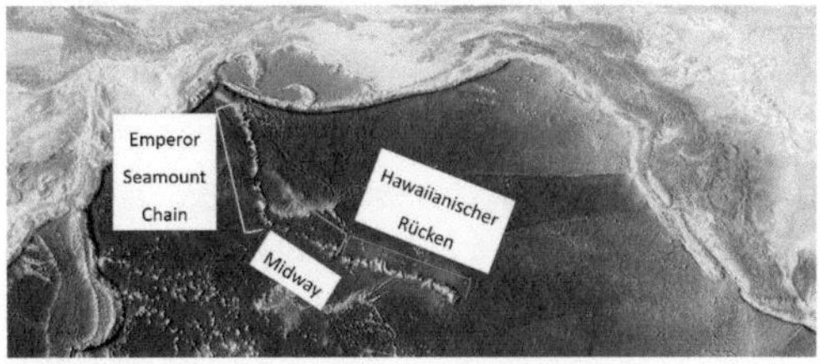

***Abbildung 7:** Geographische Lage von Hawaii auf der Pazifischen Platte.*
Die Inselkette lässt sich in 3 Abschnitte unterteilen: Emperor Seamount Chain, Midway und Hawaianischer Rücken.
Bildquelle: http://www.ngdc.noaa.gov/mgg/image/2minrelief.html

Der Hawaiianische Rücken und Midway dehnt sich im nördlichen Pazifik von Südosten nach Nordwesten über den nördlichen Wendekreis aus, er hat eine Länge von 3.493 km und umfassen die 8 Hauptinseln (Lage: tropische Breiten) sowie 132 Inseln, Korallenriffe und Sandbänke (Lage meist nördlich des nördlichen Wendekreises) mit einer Gesamtfläche von 16.625 km^2 (vgl. STRUCK 2001).

Die Emperor Seamount Chain besteht aus mehr als 80 Vulkanen und erstreckt sich über eine Länge von 2.327 km. Die ältesten Vulkankuppen sind mehr als 70 Millionen Jahre alt, im Vergleich zur jüngsten Insel, Big Island, die lediglich 0,5 Millionen Jahre alt ist (vgl. Abb. 8). Aufgrund dieser spezifischen Altersverteilung, dem Auftreten von Erdbeben nur am Südostende und des Querschnitts der Hawaii-Inselkette (s. Abb. 4) wurde schon durch Wilson ein Hot-Spot als Gründungsursache postuliert und durch weitere Forschung bestätigt. Aufgrund des „Knicks" zwischen Emperor Seamount und Midway (s. Abb. 7) wird vermutet, dass der Hot-Spot nicht ortskonstant ist, sondern vor ca. 40 Millionen Jahren nach Süden wanderte, während sich die Pazifische Platte weiter nach Nordwesten bewegt hat.

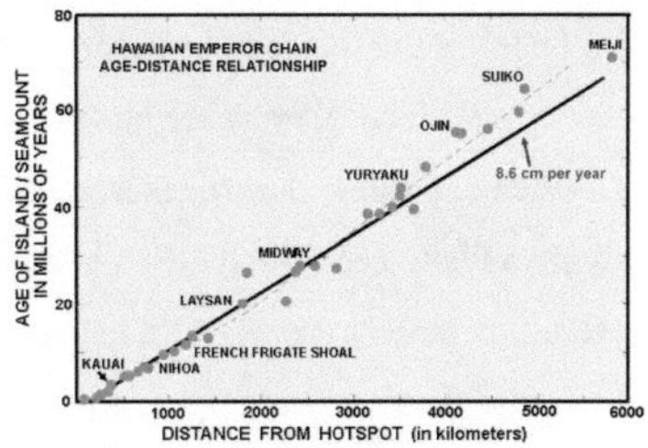

***Abbildung 8:** Altersverteilung der Vulkane der Hawaii-Kette in Abhängigkeit zur aktuellen Lage des Hot-Spots. Es lässt sich eine fast schon lineare Abhängigkeit erkennen, woraus sich schließen lässt, dass die Pazifische Platte mit einer konstanten Geschwindigkeit von ca. 10 cm / Jahr in NW-Richtung. Bildquelle: http://hilo.hawaii.edu*

4.2 La Réunion

Die von der vulkanischen Aktivität des Réunion-Hot-Spot gezeichnete Spur (s. in Abb. 9) fand vor etwa 68 Mio. Jahren ihren Anfang. Damals lag die Indische Platte über dem Hot-Spot, der sie durchbrach und mit den Dekkan Flutbasalten, die eine Fläche von 500.000 km² bedecken und etwa 2.000 m mächtig sind, ein massives Gebirge auf dem westindischen Festland entstehen ließ. Mit der nach Nordwesten gerichteten Plattenbewegung der Indischen Platte entstand daraufhin der langgezogene Chagos-Laccadiven-Rücken im Indischen Ozean, dann schob sich der mittelozeanische Rücken zwischen der Indischen und Afrikanischen Platte über den Hot-Spot, der auf letzterer vor etwa 30 Mio. Jahren das östliche Ende des Mascarene-Plateaus bildete, und vor etwa 7-8 Mio. Jahren die Insel Mauritius und zuletzt seit etwa 2 Mio. Jahren die Insel La Réunion entstehen ließ (vgl. DUNCAN 1990). Im Gegensatz zum Hawaii-Hot-Spot wird beim Réunion-Hot-Spot davon ausgegangen, dass er ortsfest ist (ebd..), unsicher bleibt jedoch, inwieweit er, beziehungsweise der zugehörige Mantle-Plume, die Bewegung der Afrikanischen und Indischen Platte beeinflusst haben könnte (vgl. CANDE; STEGMANN 2011).

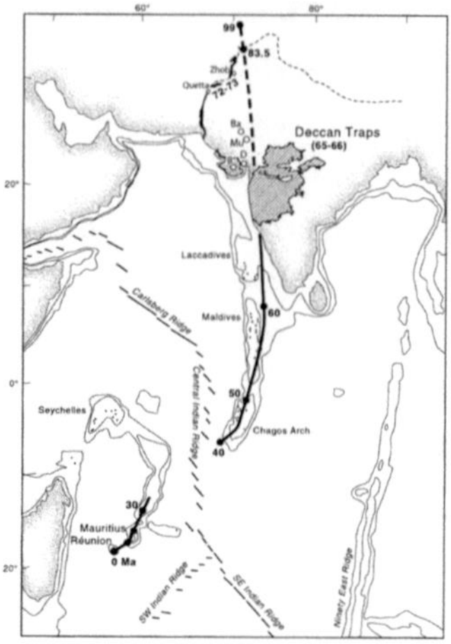

Abbildung 9: *Der Verlauf der Aktivität des Réunion Hot-Spots (Mahoney et. al., 2002: 296).*

La Réunion besteht aus zwei Vulkangebäuden: Der ältere, bereits erloschene Piton des Neiges (3.067 m), dessen zusammengestürzte Magmakammern drei tiefe Calderen bilden, liegt in Nordwesten der Insel und nimmt etwa zwei Drittel ihrer etwa 2.500 km² großen elliptischen geformten Fläche (50 x 70 km) ein und war von etwa 2,2 Mio. Jahren bis 29.000 Jahre vor heuteaktiv. Der kleinere Piton de la Fournaise (2.632 m) gilt als einer der aktivsten Vulkane der Erde und stellt die aktuelle Position des Réunion-Hot-Spots auf der Afrikanischen Platte dar; unterhalb von letzterem wird zudem ein weiterer, bereits erloschener und vollständig erodierter Vulkan namens Les Alizés als eine Art Proto-Fournaise vermutet (vgl. LÉNAT 2016). Vom Tiefseeboden bis zur Spitze des Piton des Neiges formt La Réunion einen etwa 7 km hohen Kegel, von dessen Gesamtvolumen sich nur ca. 4 % über dem Meeresspiegel befinden (VILLENEUVE et al. 2014, S. 262).

5 Fazit

Ziel dieser Arbeit war es die Entstehung der Vulkaninseln Hawaii und La Réunion zu erklären. Zu diesem Zweck haben wir analysiert, warum das bereits weitgehend etablierte und gut gestützte Modell der Plattentektonik dies nicht leisten kann. Dafür sprechen insbesondere drei Gründe: (1) Das Alter der Vulkane nimmt entlang der rückenförmigen Erhebung und nicht in seitlicher Entfernung zu ihr zu; (2) Erdbeben treten im Gegensatz zu mittelozeanischen Rücken nicht entlang der gesamten Plattengrenze auf, sondern nur in bestimmten lokalen Bereichen; (3) wir befinden uns also (1) und (2) zufolge nicht an einer Plattengrenze, trotzdem zeigt der Querschnitt, dass neues vulkanisches Material an die Oberfläche gelangt.

Eine neuere Theorie, um dies zu erklären bietet Wilson mit seinem Hot-Spot-Modell an, das besagt, dass sich flüssiges Basaltmagma mit hohem Druck durch die Lithosphäre drückt und an einigen Stellen die Kruste durchstößt und einen Vulkan formt. Morgan erweiterte Wilsons Theorie um die Mantle-Plume-Hypothese, die erklären soll woher das flüssige Gesteinsmaterial kommt, das die Hot-Spots speist. Er nennt Mantle-Plumes riesige, säulenartige Materieströme, die aus dem Erdmantel aufsteigen und sich in der Asthenosphäre ausbreiten. Beim Erreichen der Lithosphärenplatten kommt es dann zur Entstehung eines lokalen, punktuellen (Vulkane) oder auch großflächigen (Flutbasalte) Hot-Spots. Die genaue Natur von Mantle-Plumes bleibt aber weiterhin unklar und ist Objekt aktueller Forschung. Diese ist beispielsweise damit beschäftigt herauszufinden, ob Mantle-Plumes ortsfest sind, jeder Hot-Spot auch einem Mantle-Plume zuzuordnen ist oder auch welche Bedeutung Mantle-Plumes in der Plattentektonik zukommt.

Die Fallbeispiele der Inselkette Hawaii und der Insel La Réunion veranschaulichen exemplarisch die Ergebnisse von durch Hot-Spots und Mantle-Plumes erzeugtem Vulkanismus. Im Falle von Hawaii führte dies in den letzten 70 Millionen Jahren zur Entstehung einer mehrere Tausend Kilometer langen Inselkette mitten auf der Pazifischen Platte. Die Untersuchung des Vulkanismus der Hawaii-Inselkette gilt als Grundlage für die Formulierung der Hot-Spot-Theorie und der Hypothese, Hot-Spots beziehungsweise Mantle-Plumes seien nicht ortskonstant. In einem ähnlichen Zeitraum liegt auch die Aktivität des Réunion-Hot-Spots dessen Spur sich von der Afrikanischen bis auf die Indische Platte und die Entstehung der Dekkan Flutbasalte auf dem Festland Westindiens um etwa 68 Mio. Jahren vor heute zurückverfolgen lässt. Hier wird im Unterschied zu Hawaii ein ortsstabiler Hot-Spot und Mantle-Plume angenommen. Es wird aber untersucht, inwieweit diese einen Einfluss auf die Bewegung der beiden Platten gehabt haben könnten.

Quellenverzeichnis

BAUMHAUER, R.: Geomorphologie, Darmstadt, 2006.

CANDE, S.C.; STEGMAN, D.R.: Indian and African plate motions driven by the push force of the Réunion plume head, Nature, Vol. 475, 47-52, 2011.

DECKER R.; DECKER B.: Vulkane. Abbild der Erddynamik. Heidelberg, 1998.

DUNCAN, R.A.: The Volcanic Record of the Réunion Hot-Spot. In: DUNCAN, R.A., BACKMAN, J.; PETERSON, L.C.: Proceedings of the Ocean Drilling Program, scientific results. Ocean Drilling Program, Texas A&M University College Station, TX, S. 3-10, 1990.

GEORGE, U.: Am Puls der Weltmaschine. In: Geo Special Hawaii Nr. 6, Dezember 1996, S. 24-28, in GOUDIE, A.: Physische Geographie. Heidelberg 1995.

HOFMAN; SOBOLEV; ABOUCHAMI; GALER: Anatomie eines Mantelplumes, Max-Planck-Institut für Chemie, 2005.

LÉNAT, J.-F.: Construction of La Réunion, In: BACHÈLERY, P. et al. (eds.): Active Volcanoes of the Southwest Indian Ocean. Berlin/Heidelberg, S. 31-44, 2016.

MAHONEY, J.J.; DUNCAN, R.A.; KHAN, W.; GNOS, E., MCCORMICK, G.R.: Cretaceous volcanic rocks of the South Tethyan suture zone, Pakistan: implications for the Réunion Hot-Spot and Deccan Traps, Earth and Planetary Science Letters, 203, S. 295-310, 2002.

RAST, H.: Vulkane und Vulkanismus. 3. überarbeitete Auflage. Stuttgart, 1987.

SCHICK, R.: Erdbeben und Vulkane. München, 1997.

SCHMIDT, P.: Klassifizierung der Hot Spots und die Dichtestruktur des Hawaiianischen Mantel-Plume-Hot-Spots. Christian-Albrechts-Universität, 1994.

SCHMINCKE, H.-U.: Vulkanismus, Darmstadt, 2000.

STRUCK, A.: Der (Hawaii)-Vulkanismus im Lichte neuerer geowissenschaftlicher Forschungsergebnisse, Universität Duisburg, 2001.

VILLENEUVE, N.; BACHÈLERY, P.; KEMP, J.: La Réunion Island: A Typical Example of a Basaltic Shield Volcano with Rapid Evolution, In: FORT, M.; ANDRÉ, M.-F. (eds.): Landscapes and Landforms of France, S. 261-270, Dordrecht, 2014.

WILSON, J.T.: Evidence from Islands on the Spreading of Ocean Floors, Nature, Vol. 197, S. 536-538, 1963.